Chaque exemplaire sera revêtu de la signature ci-dessous. Les contrefacteurs seront poursuivis.

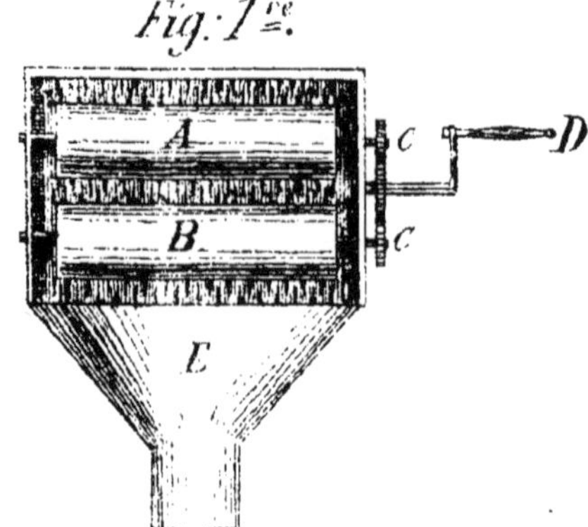
Fig: 1re.
A
B
c
c
D
E

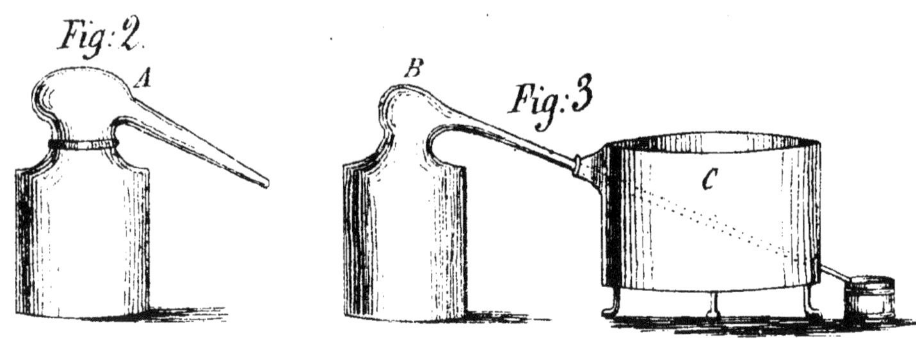
Fig: 2.
A
B
Fig: 3
C

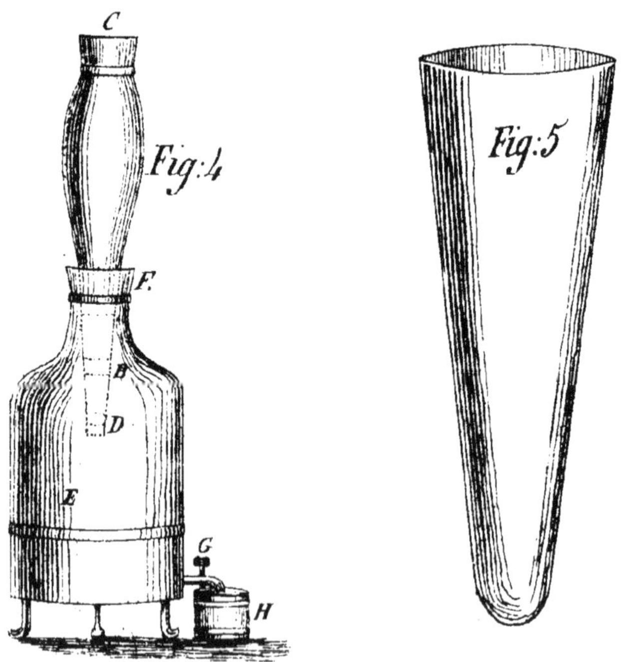
C
Fig: 4
F.
B
D
E
G
H
Fig: 5

L'ART

DE PRÉPARER ET DE GUÉRIR

TOUTES SORTES DE VINS,

D'ENLEVER

LES MAUVAIS GOUTS AUX VINS

ET EAUX-DE-VIE,

DE FABRIQUER LES MEILLEURS VINAIGRES, ETC.

Par le sieur Vuillot,

PROPRIÉTAIRE ET ANCIEN MARCHAND DE VIN

A BESANÇON.

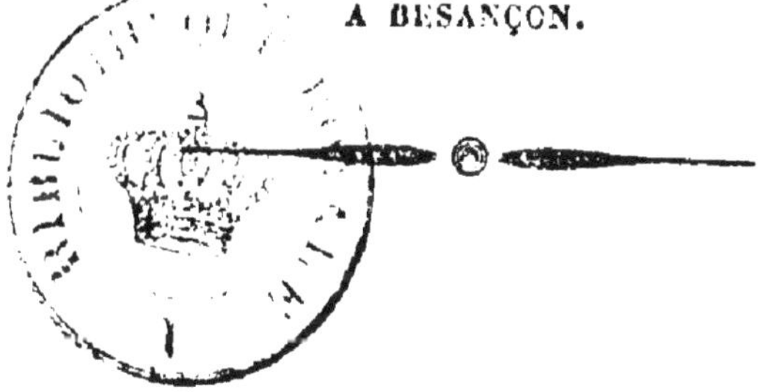

LONS-LE-SAUNIER,

IMPRIMERIE DE COURBET.

1847.

AUX PROPRIÉTAIRES DE VIGNES.

MESSIEURS,

C'est au milieu de vous que j'ai passé mes premières années en m'occupant de la culture de la vigne.

Pendant mon éloignement de ces temps heureux, j'ai toujours conservé le désir de vous être utile; et aujourd'hui que le temps me permet de m'occuper de vos intérêts, je viens vous présenter le fruit de mon expérience et des nombreux essais que j'ai faits sur la manière de préparer les vins, de les guérir de toutes espèces de maladies, d'enlever le mauvais goût aux eaux-de-vie, et de préparer les meilleurs vinaigres.

Mon but, Messieurs, est donc de vous faire profiter de mes travaux et des heureuses découvertes que j'ai faites en ce genre, approuvées par de nombreux certificats, signées par des propriétaires de Salins et des environs, de Poligny, de Voiteur, de Château-Chalon, etc., etc.

Plus tard, Messieurs, je m'occuperai d'un objet non moins essentiel : la culture de la vigne, des champs et des prés. J'ai reconnu, en théorie comme en pratique, qu'il y a plus de mauvais cultivateurs que de terrains ingrats.

Je regarde donc comme un devoir, Messieurs, de vous faire connaître ici les procédés pour obtenir de bons vins, le secret pour en rétablir la qualité. Par là, j'espère réhabiliter la réputation des vins du Jura et de toute la

Comté, et prouver qu'ils ne sont pas plus susceptibles de se gâter que les vins des autres contrées, si toutefois l'on veut suivre mes procédés.

En voici l'analyse succincte :

1° Faire de meilleurs vins ; 2° enlever toute espèce de mauvais goût aux eaux-de-vie et aux vins, tels que vins tournés, vins montés, vins amers, goût de pourri, de piqué à l'aigre, de relent, de moisi ; 3° Procédé pour dégraisser le vin blanc, soit en tonneau, soit en bouteille ; 4° Recette pour composer de bon vinaigre et lui donner un bon bouquet ; 5° Recette pour donner le bouquet au vin ; 6° Moyen de le colorer quand il est faible ; 7° Traiter les vins-paille, vins clairets, vins blancs ; 8° Manière de préparer la colle de poisson ; 9° Pour obtenir une qualité de vin supérieure à celle que l'on a faite jusqu'à aujourd'hui, vin sans contredit d'un plus grand prix, et qui n'a pas besoin d'être soutiré pendant plusieurs années.

Si j'ai retardé la publication de ma brochure, c'est le désir de vous offrir un détail plus complet.

Vous serez amplement dédommagés dans votre attente en recevant cette brochure. Vous verrez, je n'en doute pas, dans ce nouveau sacrifice que je me suis imposé, une preuve incontestable du désir de vous être agréable, et de l'empressement que je porte à rendre plus intéressante et plus utile ma brochure.

L'ART

DE PRÉPARER ET DE GUÉRIR

TOUTES SORTES DE VINS,

D'ENLEVER

LES MAUVAIS GOUTS AUX VINS

ET EAUX-DE-VIE,

DE FABRIQUER LES MEILLEURS VINAIGRES, ETC.

Explication sur la cause qui rend les vins sujets à se gâter.

Je vais commencer à vous rappeler les années chaudes et vous démontrer la cause de la détérioration des vins, pour n'avoir pas su leur donner une fermentation convenable. Cette fermentation doit avoir lieu en deux temps différents, l'une sous marc (*) et l'autre après le décuvage.

On a souvent répété, ici comme ailleurs, d'après nos anciens, qu'une année de sécheresse où il ne tomba pas d'eau ni de rosée, la vendange était comme du sirop; on s'attendait donc cette année à faire des vins exquis; mais on fut bien étonné de voir les vins gâtés; et dans tous les pays vignobles la même chose est arrivée, surtout pour les vins fins. Il est facile d'en concevoir la cause : je l'attribue à ce que la vendange ne contenait pas assez de parties aqueuses, et que la fermentation n'ayant pas eu son cours, la partie sucrée du vin n'a pu se convertir en

(*) Le marc ou la gêne, c'est la même chose.

alcool. Si l'on avait pensé à forcer la fermentation par du vin chaud ou, mieux, de l'eau chaude, on serait parvenu à convertir la partie sucrée en alcool; d'après ce moyen, la fermentation se serait développée, toutes les parties du vin auraient été parfaitement combinées, et l'on n'aurait pas eu à déplorer la perte d'un si bon vin. La preuve de ce que je viens d'avancer peut se confirmer par l'étude des années suivantes.

En 1811, année extraordinaire, les vignes gelèrent le 11 avril. Il fit une grande sécheresse. Toutes les matinées étaient si fraîches, que les cultivateurs étaient obligés de se cacher les mains en allant au travail, bien qu'ils s'y rendissent beaucoup plus tard que les années précédentes, à cause des fortes rosées; dans la journée la chaleur était excessive, malgré le vent du nord qui régna pendant toute la belle saison. On fit un vin délicieux et de premier choix, qui fut surnommé *le vin de la comète*. Il faut attribuer cette bonne qualité de vin à la rosée qui remplaça les pluies douces que nous réclamons ordinairement dans le mois d'août, pour la confection de nos bons vins. Privé des conditions que nous venons de signaler, on doit donc avoir recours à mon procédé.

On sait que les plantes se nourrissent autant par leur feuillage que par leurs racines; ce qui nous le démontre parfaitement, c'est qu'en 1811, où il ne tomba pas de pluie, toutes les récoltes ont été alimentées par cette forte rosée, sans laquelle les vins n'auraient pas eu cette qualité si justement renommée. Lorsque la vigne produisit son nouveau bois, il poussa avec tant de vigueur, que les raisins, attendris par les rosées de la nuit, se développèrent avec une rapidité étonnante, après une floraison précoce; ne faut-il pas attribuer ce succès aux rosées de cette époque?

COMPARAISON DE 1811 A 1846.

L'an 1846 a été privé des fortes rosées; depuis la belle saison le vent du midi a régné avec force toute l'année, ce qui empêchait que les plantes s'alimentent des rosées de la nuit. S'il y en avait eu comme en 1811, toutes les récoltes, en général, auraient été beaucoup plus abondantes; mais on a été heureux de ce que les pluies sont survenues, à temps, pour la bonne qualité de nos vins, mais un peu trop tôt pour les graines: ce qui a brûlé et fait pourrir la racine du blé; ce qui a ôté et la nourriture au grain, et l'abondance. Sans cette pluie, nous aurions à déplorer la perte de nos vins en grande partie.

En 1815, la première vendange ne contenait que peu de parties aqueuses; il survint une pluie pendant le cours des vendanges, et ceux qui vendangèrent pendant la pluie, ou après la pluie, eurent des vins plus durs et plus verts que les premiers, mais plus spiritueux à cause de la fermentation produite par une surexcitation de la sève; ceux qui vendangèrent plus tard, c'est-à-dire après quelques jours de beau temps, eurent des vins fins, délicats, d'un parfum plus agréable et d'une qualité supérieure aux premiers vins.

En 1818, il tomba fort peu d'eau; aussi les vins furent inférieurs à ceux de 1819, année où la pluie fut plus abondante. Ceux qui vendangèrent avant les pluies eurent des vins en grande partie gâtés, surtout en Bourgogne; et ceux qui vendangèrent après les pluies eurent des vins de premier choix.

Je fis alors, cette année, plusieurs essais; pour une partie, je fis chauffer du vin, pour l'autre de l'eau; je fis l'essai de quelques pièces dans leur état naturel, et, enfin, une pièce de vigne fut retardée dans sa vendange.

De ces quatre essais, j'obtins les résultats suivants: la partie mélangée avec du vin chaud était bonne, celle où l'on avait mis de l'eau était supérieure, et les pièces où mon procédé n'avait pas été employé, étaient inférieures aux deux premières: mais la vigne vendangée après les autres reçut, pendant deux jours, une pluie douce et produisit le meilleur vin.

En 1822 et 1825, je fis des expériences en grand qui me donnèrent les plus heureux résultats.

En 1834, où je fis également le même travail, les vins se comportèrent très-bien, furent d'une qualité supérieure et d'un prix beaucoup plus élevé que celui de mes voisins, qui n'avaient pas employé mes procédés. Et, cependant, on doit se rappeler que les vins de 1834 se gâtèrent, en grande partie, dans tous les pays vignobles : les miens n'ont subi aucune altération et sans soutirage.

On voit, par ces années chaudes que je viens de signaler, que les vins doivent contenir une certaine quantité de parties aqueuses, pour faciliter et forcer la fermentation, afin d'obliger la partie sucrée du vin à se convertir, en partie, en alcool. Cette partie sucrée ne reste jamais inactive ; elle est toujours en mouvement, tant qu'elle n'est pas combinée avec toutes les parties ; ce qui fait que la lie remonte autour des parois du tonneau, retombe dans la masse du vin, décompose la couleur et nuit à la qualité ; alors le vin demande beaucoup plus de soins, de soutirages, et souvent, malgré ces précautions, il tombe sur l'amer.

Pour obvier à de pareils inconvénients, il est urgent de procurer au vin une fermentation forcée. En employant mon procédé, on s'épargnera bien des peines et des soins souvent inutiles, et les vins qui seront déplacés arriveront à leur destination, sans avoir à craindre les maladies auxquelles tous les vins sont sujets. Les bons vins surtout sont menacés par les voyages.

On peut encore employer les moyens suivants :

Lorsque les vins sont clairs, dans le courant de janvier, ou plus tard, leur donner une faible colle, avant de les soutirer, pour les débarrasser d'un peu de lie qui pourrait encore rester en suspension dans le vin, et d'un peu de couleur. Cette couleur, dont le vin se décharge à la longue, est sujette à décomposition et tourne à la putréfaction, ainsi qu'un peu de lie; ce qui fait tomber les vins à l'amertume, au poussé, tourné, etc. Lorsque les vins ont séjourné quelques jours sur cette colle, on les soutire par un beau temps, et si on y ajoutait par trois cents litres un grand verre de tannin, il n'y aurait plus à redouter la crainte de perdre ces vins. Si le vin se gâte, c'est qu'il ne contient pas assez de ce liquide qui le conserve et maintient la couleur. Comme aussi, si l'on mettait par cent litres de vin une poignée de sable de rivière, bien lavé au tamis, après l'avoir soutiré, l'on verrait qu'on peut conserver les vins, un temps infini, clairs et sans soutirage; et alors, suivant ces procédés, on peut rester bien des années sans avoir besoin de renouveler cette opération.

Nouveau procédé à suivre lors du tirage des vins,

Afin d'obtenir une qualité de vin supérieure à celle qu'on a pu avoir jusqu'à présent, sans avoir besoin de les soutirer, pendant plus d'une année, et sans aucune crainte de détérioration. — Ces expériences ont été faites, pendant vingt-huit années consécutives, dans plusieurs pays vignobles, par moi, propriétaire aisé, qui en ai obtenu, constamment, les meilleurs résultats. — Les vins ainsi expérimentés, ont acquis une qualité meilleure et n'ont jamais subi d'altération.

Les opérations pour trois années, à températures différentes, se pratiquent de la manière suivante :

Dans une année chaude, il faut tirer votre vin sous marc ; aussitôt que vous vous apercevrez que la fermentation commence à s'apaiser, pressez le marc et mettez le premier vin qui sort du pressoir sur celui sorti de la cuve ; et celui qui, après, est un peu clair, mettez-le de côté. Il est nécessaire de faire chauffer six à sept litres de vin ou d'eau par deux cents litres. (L'eau serait préférable au vin, surtout dans les années où il ne tomberait pas de pluie, parce qu'elle occasionnerait une fermentation plus prompte, et les parties du vin seraient mieux combinées.) Cette eau, ou le vin, a pour but de forcer la partie sucrée du vin à se convertir, en partie, en alcool. On s'est très-bien trouvé de cette opération, le vin a été beaucoup plus vineux, et s'est mieux conduit que les autres vins qui n'avaient pas eu d'eau chaude ou de vin chaud. Cette épreuve a été faite en 1818, etc. (voyez les années chaudes).

Dans les années pluvieuses, où les

raisins mûrs se trouvent gâtés, il faut tirer le vin sous marc dans le fort de la fermentation; mettez le marc sur le pressoir, et réunissez au vin du tirage de la cuve celui qui sort du pressoir; laissez-le fermenter de nouveau et vous serez étonnés de la qualité du vin, qui se conservera même très-bien. Les raisins pourris n'ont aucun mal dans l'intérieur, et ne sont pas à craindre, comme l'affirment quelques personnes; j'en ai fait l'épreuve moi-même, en 1826: il serait trop long d'en donner ici l'explication. (*Voyez plus loin:* RAISINS POURRIS.)

Dans les années froides, et lorsque les vins sont durs et verts, il faut laisser fermenter la vendange environ une huitaine de jours. Pressez le marc et réunissez le premier vin qui sort du pressoir au vin de tire, ajoutez par deux cents litres vingt grammes de sel de cuisine et environ un kilogramme de sucre; lorsque la fermentation est achevée, vous trouvez votre vin bon.

Les vins doivent se tirer sous marc, comme je l'ai expliqué précédemment. Lorsque vous les avez tirés de la cuve, la fermentation reprend son cours et s'opère mieux, étant déchargée du poids du marc ; alors le vin se dépouille de toute la lie qu'il contient, ses parties se combinent et se marient plus aisément, ce qui prévient toute détérioration. Il est facile de concevoir que, par cette seconde fermentation que ce vin vient de subir, il se trouve dégagé de toute la lie, et que la partie sucrée s'est changée en alcool; ce second procédé évite une fermentation secondaire, qui décolore les vins et les fait péricliter.

Manière de conserver le marc.

Beaucoup de propriétaires ne connaissent pas la manière de conserver le marc ; employez le moyen suivant :

Au sortir du pressoir, mettez votre marc dans une cuve ; un homme doit être dedans, pour bien l'étendre et le fouler avec les pieds: quand la cuve est remplie, on le couvre de feuilles de vignes ou de choux, etc.; et après, on le couvre de nouveau avec une terre meuble et sèche ou du sable qui serait préférable ; on garnit bien partout ; on le visite souvent, pour reboucher quelque ouverture qui aurait pu se faire, soit par les rats ou tout autre cause ; de cette manière, il fermentera de nouveau, vous rendra davantage de spiritueux, et se conservera plus d'une année sans se gâter.

Procédé pour traiter les vins blancs au sortir du pressoir.

Lors de la cueillette des raisins, il faut avoir grand soin de les amener au pessoir, sans les écraser ni égrapper. Il serait même nécessaire de passer les raisins à l'entonnoir à cylindre; ils seraient plus faciles à presser; le premier vin qui en sort et qu'on appelle *la fine goutte*, se met de suite dans un tonneau propre à cet effet, où l'on aura introduit un kilogramme de copeaux de hêtre, par deux cents litres. Versez le vin dans le tonneau. Aussitôt qu'on s'aperçoit que le vin est à-peu-près clair, on le soutire et on le laisse fermenter, ou on le passe au sortir du pressoir au sac de toile. (Fig. 5e.) Par ce moyen, on s'évitera bien des peines que le soutirage aurait occasionnées; et il sera beaucoup plus facile de le coller au printemps, parce qu'il s'est dégraissé sur les copeaux ou dans le sac en toile, et le vin conservera toutes ses qualités.

Le vin blanc que vous destinez à être mis en bouteilles, est celui qui est sorti le premier du pressoir; on le colle dans le courant de mars : lorsqu'il est clair, on le soutire dans un tonneau bien propre et l'on y jette deux bonnes jointées de sable de rivière, bien lavé et bien sec: on le laisse reposer une vingtaine de jours, et on le met en bouteilles; par ce moyen vous serez assurés de n'avoir pas de dépôt dans la bouteille, et le vin en sera meilleur. Dans les pays où les vins blancs sont sujets à tomber à la graisse, l'on doit ajouter par chaque bouteille une cuillère à café de tannin; il n'y aura plus à craindre qu'ils viennent à graisser; ou bien les mettre dans le tonneau après les avoir soutirés, et les bien battre.

Pour conserver du vin blanc doux toute l'année, il faut qu'il soit passé deux fois sur les copeaux de hêtre, ou une fois dans le sac en toile, et le mettre dans un tonneau légèrement mêché; ensuite ajouter, par deux cents litres, vingt-cinq grammes d'alun de glace concassé, trois ou quatre litres de sable de rivière, bien lavé au tamis (le faire sécher au soleil ou au four), un quart de litre de trois-six et un quart de tannin. Votre vin se conservera doux toute l'année.

Pour dégraisser les vins blancs, en tonneau, mettez, pour deux cents litres de vin blanc, un litre de tannin dans le tonneau, et agitez-le; après quelque temps, votre vin sera rétabli.

Pour dégraisser les vins blancs en bouteille, débouchez la bouteille, versez-y une bonne cuillère à café de tannin, et rebouchez la bouteille; après quelque temps, votre vin sera dégraissé et très-bon.

Pour éviter cet inconvénient, mettez, dans le mois de mars, un litre de tannin par deux cents litres de vin. Vous serez assuré que votre vin ne prendra jamais la graisse, précaution qui est utile dans les pays où il est sujet à cette maladie.

La manière de préparer la colle de poisson se pratique ainsi:

Prenez, pour deux cents litres de vin blanc, ving-cinq grammes de colle de poisson, dite de Russie, que l'on fait détremper avec un peu d'eau, dans un vase vernissé, pendant vingt-quatre heures; après, prenez cette colle que vous pétrissez fortement dans la paume de la main avec le pouce de l'autre main. Lorsqu'elle est bien pétrie, faites-en un pâton que vous frottez sur la paume de la main, en le trempant à chaque instant dans le vin; et lorsque ce pâton est bien dissous et qu'il n'en reste plus rien dans la main, battez fortement cette colle avec plusieurs baguettes liées ensemble; au fur et à mesure que la colle s'épaissit, ajoutez-y un peu de vin; vous la laissez reposer jusqu'au lendemain, en la couvrant avec un linge blanc; alors vous la reprenez pour la battre de nouveau, en ajoutant du vin, toujours au fur et à mesure qu'elle s'épaissit; ensuite, mettez dans cette colle vingt-cinq grammes de noir animal purifié et vingt grammes de crême de tartre; battez de nouveau; jetez le tout dans le tonneau de vin blanc, et agitez-le fortement, au bon tiers du vin, avec un bâton fendu en quatre. Votre vin sera parfaitement clair en peu de temps, et très-blanc.

Si vous voulez faire votre colle à l'avance, ce qui vaudrait beaucoup mieux, car plus la colle est vieille, plus elle a de force, après l'avoir battue le premier jour et le second, vous la laissez reposer jusqu'à ce qu'il n'y ait plus d'écume, et vous la mettez en bouteilles, en la plaçant à la cave, dans un lieu frais et sec, jusqu'au moment de s'en servir; alors vous ajoutez le noir animal, la crême de tartre, et vous collez.

Comme le vin blanc contient beaucoup de parties sucrées qui le rendent gras, qui sont toujours en mouvement et qu'il est très-difficile de clarifier, il faut arrêter cette fermentation, pour parvenir à une parfaite clarification. Tels sont les vins d'Arbois et de ses environs, le Maconnais, etc. C'est au propriétaire à connaître la qualité de son vin. Je conseille pour les vins blancs, qui contiennent beaucoup de parties sucrées, de les mettre autant que possible dans un endroit froid; et au moment de les coller, les passer sur des copeaux de hêtre ou dans le sac en toile, avec le papier à filtrer, réduit en colle; les coller après vingt-quatre heures.

On peut coller les vins blancs avec la colle gélatine claire, que beaucoup de personnes prennent pour la colle de poisson. Prenez 32 grammes de colle gélatine claire, en large feuille, que vous faites dissoudre dans un peu d'eau tiède; lorsqu'elle est bien dissoute, battez-la fortement avec un peu de vin; ajoutez cent vingt grammes de noir animal rectifié et vingt-cinq grammes de crême de tartre; battez le tout à la fois, versez votre colle dans le tonneau, et agitez fortement le vin au tiers du vin.—Cette dose est pour deux cents litres.

De la colle aux œufs.

Lorsque l'on colle les vins avec les œufs, on ne doit jamais les battre à la neige; on doit simplement les agiter un peu, y ajouter du vin, les battre de nouveau, y mêler une petite poignée de sel, verser le tout dans le tonneau, et battre le vin à la profondeur de dix à treize centimètres, s'abstenant surtout d'agiter la masse du vin; et ainsi toutes colles doivent se pratiquer, surtout pour les vins ordinaires.

La colle au sang.

L'on doit mettre un quart de litre pour 250 à 300 litres de vin; du moins, on ne peut pas préciser la dose; cela dépend de la qualité du vin; car plus le vin est spiritueux ou dur et vert, moins il en faut; comme aussi plus le tonneau a de capacité, même court, moins encore il faut de colle, c'est-à-dire que pour deux mille litres, il n'en faudrait qu'un litre.

Explication des soins à donner aux vins.

Il est beaucoup plus facile de réparer les vins aussitôt que l'on s'aperçoit qu'ils tendent à leur dégénération, que lorsqu'il y a long-temps qu'ils sont gâtés ; c'est que le goût qu'ils ont pris se trouve imprégné dans le vin. Un bon caviste doit avoir la précaution de goûter les vins depuis le printemps jusqu'à ce que la fermentation des vendanges soit achevée, au moins une fois par mois, et de remplir les tonneaux en vidange, pour s'éviter la perte de quelques pièces de vin : en prenant ces précautions, il s'aperçoit lorsqu'un tonneau commence à entrer en fermentation, ce qui est facile à reconnaître, soit qu'il soit louche, ou qu'il pousse avec plus de force que d'habitude. En tirant le fosset et en débondant le tonneau, il verra sur la surface du vin des boucles blanches mêlées avec les fleurs; alors, c'est une preuve évidente qu'il est en fermentation ; il faut donc y porter remède à l'instant même, le soutirer promptement dans un tonneau bien propre et mêché; y ajouter, par deux cents litres, quinze grammes d'alun de glace, autant de sel de nitre, un verre de tannin et un bon verre d'eau-de-vie; ensuite, on le colle. On peut encore employer le moyen suivant. Il existe beaucoup de vins dont la lie remonte le long des parois du tonneau, sans donner de boucles blanches sur les fleurs du vin. Faites une petite boule avec du chiffon attaché à un fil de fer que l'on courbe : on enfonce cette boule à environ 27 centimètres dans le vin, contre les parois du tonneau; on la retire très-doucement; et, si l'on ramène de la lie, c'est une preuve que cette lie est en fermentation et va perdre le vin: par ces trois moyens vous reconnaîtrez si le vin est en danger. Comme aussi je vous dis de remplir vos tonneaux en vidange, c'est parce que les douves qui ne sont pas toujours imprégnées de vin, se dessèchent; l'air s'y introduit et fait aigrir le vin ou lui donne le goût d'évent, l'affaiblit et le met souvent en fermentation.

Explication des vins tournés.

Il y a plusieurs espèces de vins tournés: les uns sont tournés au noir et sans dégoût, d'autres tournés au noir, goût d'amer; vins tournés au noir, goût de fort qui prend au palais. Alors, évitez-vous donc toutes ces circonstances, si funestes à la réputation de vos caves et au pays: en suivant mes procédés, vous n'aurez plus besoin de connaître la manière de les rétablir.

Autre moyen pour s'éviter pareille adversité.

Lorsque vous vous apercevez que vos vins sont en danger, arrêtez promptement la fermentation du vin, par le moyen suivant : mettez par deux cents litres, vingt grammes d'alun de glace, autant de sel de nitre, un verre de tannin et un grand verre de trois-six, sans avoir besoin de le soutirer, ni même de le coller ; dans cinq à six jours, ou peut-être plus, suivant la qualité du vin, et s'il n'était pas clair quinze jours après, on le colle et après quelques jours on le soutire.

Pour rétablir les vins tournés, dans toute la Comté.

(POUR DEUX CENTS LITRES.)

Le meilleur moyen est celui d'après lequel il peut se conserver long-temps, sans aucune altération.

Prenez douze litres de vin nouveau que vous faites chauffer, et, lorsqu'il est chaud, mettez-y un demi-kilogramme de bonne cassonade de canne à sucre; versez le tout chaud dans le vin tourné, agitez bien le vin et bondonnez le tonneau. Après quinze à vingt jours, votre vin sera clair; et aussitôt que vous vous en apercevrez, mettez vingt grammes de sel de nitre et un verre de trois-six ou deux verres de vieille eau-de-vie; si vous y mettez un verre de tannin, il n'en sera que mieux. Coller le vin, et ne battre la colle qu'au quart du tonneau afin de ne pas ramener la lie qui est au fond, et le soutirer après quelques jours; il se trouvera parfaitement rétabli. Ce vin peut se garder bien des années sans crainte de nouveaux accidents.

Dans le cas où les vins tournés auraient un goût d'amer, ou un mauvais goût qui empâte le palais, il faudra le soutirer dans une cuve, faire rougir des barres de fer à blanc et les plonger dans le vin. Lorsqu'on s'aperçoit que le goût a disparu en partie, on les remet dans les tonneaux et l'on fait l'opération citée ci-devant pour les vins tournés.

Pour les vins tournés qui n'ont pas de mauvais goût, et lorsqu'il y a peu de temps, il faut simplement y mettre un verre de trois-six et un verre de tannin, et les coller avec le sang: ils seront rétablis et se conserveront très-bien.

Pour les vins poussés ou montés.

Faites soutirer vos vins dans des cuves, et les passez au fer rougi à blanc. Aussitôt que vous vous apercevrez que le goût a disparu en partie, rentrez vos vins dans les tonneaux; mettez, par deux cents litres, un litre de gypse ou plâtre à bâtir, et agitez le vin; après deux jours, un verre de trois-six et autant de tannin: versez le tout dans le vin taré et vous l'agitez; après, vous le collez. Lorsqu'il sera clair, vous le trouverez affranchi de son mauvais goût.

Pour le goût d'amer.

Pour deux cents litres, mettez votre vin dans une cuve, faites rougir des fers à blanc que vous plongez dans le vin en les y promenant, et le remettez dans le tonneau; après, faites cuire un litre et demi d'orge nouvelle dans trois litres d'eau, jusqu'à ce qu'elle soit bien crevée; passez-la dans un panier et jetez un peu d'eau sur les grains pour en enlever le jus; ajoutez à cette eau d'orge un demi-kilogramme de sucre; versez le tout dans le tonneau de vin amer; vingt-quatre heures après, vous trouverez votre vin affranchi du goût d'amer. On y ajoute un verre de tannin, on le colle, et on le soutire après qu'il est clair.

Pour le goût de relent ou pourri.

Pour deux cents litres, prenez un litre et demi de lait frais que vous faites bouillir et que vous écrêmez avec soin, au fur et à mesure qu'il bout ; après quelques minutes d'ébullition, jetez ce lait tout chaud dans le tonneau de vin qui a le goût de relent ou pourri, agitez le vin, et après deux jours collez-le ; lorsqu'il sera clair, le goût aura disparu ; mais soutirez-le de suite.

Pour le goût de moisi.

Pour deux cents litres, mettez dans un tonneau un peu mèché un demi-kilogramme ou un kilogramme de copeaux de hêtre ; versez votre vin dessus ; lorsque vous vous apercevrez que le goût de moisi est passé, soutirez le vin de suite dans un tonneau un peu méché, et collez.

Autre procédé pour le goût de moisi.

Pour trois cents litres, prenez un demi-litre de blé en grains que vous ferez griller comme le café, ayant seulement soin que ce blé ne brûle pas, car votre vin aurait le goût de brûlé ; mettez ce blé tout chaud dans un petit sac que vous suspendrez dans le vin, et, par le moyen d'un petit bâton, vous le ferez voyager dans le tonneau.

Aussitôt que vous vous apercevrez que le goût est enlevé, il faut soutirer le vin de suite et le placer dans un autre tonneau méché ; ensuite collez-le.

Autre procédé.

Pour enlever tous mauvais goûts aux vins, faites un chapelet d'un peu d'iris de Florence, de citron et de raisins de caisse, que vous suspendez dans le vin pendant trois à quatre jours.

Pour le goût de piqué.

Pour deux cents litres, faites brûler un fagot et demi de sarment; pendant que les débris brûleront, mettez-les en tas, jusqu'à ce qu'ils soient réduits, en partie, en cendres; après, prenez les cendres et charbons que vous jetez, tout chauds, dans le vin piqué, après l'avoir mis dans un vase ou cuve : remettez votre vin dans un tonneau en bon état; vingt-quatre heures après, votre vin sera affranchi de son mauvais goût de piqué; mais il faut le soutirer après quatre à cinq jours (les vins sur la cendre ne demandent pas plus de temps).

Le piqué s'enlève par le moyen de la potasse: faites dissoudre de bonne potasse dans un peu d'eau, jetez-la dans le vin et agitez bien: 60 grammes de potasse suffisent pour cent litres de vin, et coller ensuite.

Procédé pour ôter aux vins le goût de dur et vert.

Il est le même que celui du vin piqué, pour les vins fins seulement; car si on enlevait ce goût aux vins de gros plants, on leur ôterait toutes leurs qualités.

Pour mettre les tonneaux de mauvais goûts en bon état; soit en vin rouge, vin blanc ou eau-de-vie.

Prenez, pour un fût de deux cents litres, trente-deux grammes d'huile de vitriol et les deux tiers de litre d'eau bouillante, que vous versez dans le tonneau: mettez le vitriol dans le tonneau, sans entonnoir, et après l'eau, puis bondonnez: ensuite, vous faites passer cette eau envitriollée, sur toutes les parois du tonneau, et sur les fonds; puis vous y mettez encore un litre d'eau bouillante, et vous continuez à la faire passer sur toutes les parties du tonneau: après versez cette eau, et ensuite versez une marmitée d'eau bouillante dans le tonneau, pour en enlever le goût du vitriol, et celui qu'il avait contracté avant l'opération: après l'eau chaude, il faut le rincer avec une eau fraîche, et il est propre à y mettre vin rouge ou vin blanc; mais si vous le destinez à y mettre de l'eau-de-vie, il faut, avant d'y introduire ce spiritueux, y passer un litre d'eau-de-vie: ensuite vous pouvez le remplir, sans crainte que votre eau-de-vie devienne rouge.

Pour mettre un grand foudre d'un mauvais goût en bon état.

Faites chauffer, selon sa capacité, de l'eau que vous saturez de vitriol; Un homme entre dans le tonneau et le lave, douve après douve, avec cette eau saturée de vitriol, sans crainte de se gâter les mains; ensuite l'eau chaude et l'eau fraîche comme au précédent.

La manière de mettre la canette au tonneau afin d'éviter un mouvement dans le vin.

Lorsque vous mettez la canette au tonneau, il faut qu'elle soit un peu ouverte et le bondon desserré, afin d'empêcher une agitation inévitable sans cette précaution, agitation qui fait loucher le vin et qui occasionne souvent sa perte.

Couleurs à donner aux vins.

Beaucoup de contrées aiment la couleur foncée aux vins, comme d'autres aiment la couleur jaune ; rien n'est plus facile que de contenter leurs goûts. Ces couleurs plus ou moins foncées, ne décident en rien pour la qualité; mais malheureusement il n'y a pas assez de gourmets pour connaître la qualité des vins, afin d'en savoir apprécier le prix ; et, comme dans toute marchandise, si l'on ne la vend pas cher à un homme opulent, elle ne vaut rien; ainsi va l'ignorance, depuis le plus riche jusqu'au plus pauvre. Dans les qualités, les uns veulent tout pour rien et les autres paient cher; et, par cette ignorance, chez les uns comme chez les autres, le négociant est obligé de jouer de ruse pour se défaire de sa marchandise, afin d'avoir un débit à pouvoir faire ses affaires; ce qui a entraîné plusieurs négociants à des fraudes, souvent malgré eux ; combien d'autres, peu consciencieux, ne craignant rien, réalisèrent d'immenses profits par la fraude ! Dans les grandes villes, les droits sur le vin et les eaux-de-vie n'ont-ils pas occasionné aussi la fraude et la contrebande?

Revenons aux couleurs et au parfum agréable à donner aux vins:

1° Les prunelles donnent de la couleur; étant fermentées, elles font une excellente boisson, qui équivaut aux vins de gros plant; alors on peut en mettre autant que l'on jugera à propos.

2° Les mûres sauvages ne donnent que la couleur, et le goût de musc si l'on en met trop.

3° Les baies de hièble donnent le goût de violette.

2° Les baies de sureau donnent le goût de framboise; elles ont également le goût de musc.

Quant à tous ces fruits et baies, on doit les faire fermenter séparément pour en obtenir un bouquet différent; et si, au contraire, vous les faites fermenter tous à la fois, vous n'aurez aucun bouquet distinctif, mais un vin propre à donner la couleur; pur, il est insupportable: il donne non-seulement la couleur, mais il améliore le vin. Pour avoir une fermentation convenable, il faut les bien écraser, y mettre un peu de vin chauffé avec un peu de sucre, suivant la quantité que vous en avez: la quantité n'est pas nuisible, car plus il y en a, plus le vin est spiritueux; et lorsque la fermentation est achevée, on le soutire et on presse le marc; ensuite on réunit le tout à la fois. Lorsque vous tirez vos vins sous marc, vous en mettez raisonnablement afin que le tout fermente à la fois; après qu'ils seront clairs, vous ne reconnaîtrez pas la couleur ni le goût, tant ils seront améliorés.

Autre moyen pour extraire les couleurs des fleurs et leur parfum.

Cueillez les fleurs des rosiers à bâton, les plus foncées si vous voulez obtenir une couleur foncée; faites-les sécher à l'ombre. Lorsque vous voulez colorer du vin ou de la liqueur, mettez dans un vase la quantité qui vous est nécessaire pour être colorée; versez sur ces fleurs de l'eau-de-vie ou de bon vinaigre jusqu'à ce qu'elles baignent complètement, et, dans une demi-heure, vous obtiendrez toute la couleur et l'odorat de ces fleurs ou plantes. Le vinaigre, pour le vin, n'est point nuisible; il y en a si peu, qu'il ne peut pas faire aigrir le vin; au contraire, il ne peut que l'améliorer. D'un autre côté, les fleurs absorbent une grande partie de son acide.

Par le même procédé ci-dessus indiqué, vous obtiendrez l'odeur et la couleur de toutes sortes de fleurs et de plantes, soit œillet, violette, rose, estragon, etc., pour vin, liqueur ou vinaigre, mais il faut les cueillir le matin et les faire sécher à l'ombre. Tous ceux qui, voulant donner un parfum agréable à leur vinaigre, y mettent de l'estragon vert ou tout autres plantes vertes, perdent leur vinaigre, etc. Voyez l'article du vinaigre et des vins.

Recette pour faire de très-fort vinaigre et de première qualité.

Prenez deux cent cinquante grammes de farine de seigle, soixante de poivre d'Espagne, soixante de poivre long, etc., que vous réduisez autant que possible en poudre. Ensuite pétrissez le tout avec de fort vinaigre, faites un levain que vous laissez lever 48 heures, puis vous en faites une galette mince que vous mettez cuire au four; vous la laissez bien dessécher, vous la réduisez en poudre que vous pétrissez de nouveau avec de fort vinaigre. Laissez lever 24 heures votre levain, ensuite faites-le cuire au four, à demi seulement; mettez cette galette toute chaude dans un tonneau à vinaigre, avec un litre de vinaigre chaud, en mettant le tonneau dans un lieu chaud, la bonde ouverte, et un trou d'environ 45 millimètres de diamètre au fond du tonneau, à peu de distance du jable. Ensuite faites chauffer un litre de vin, pendant quatre jours de suite, puis vous mettez tous les deux jours deux litres de vin tel qu'il sort du tonneau. Lorsque le tonneau à vinaigre est rempli, vous en tirez les deux tiers et vous continuez à le remplir, en y mettant tous les deux jours deux litres de vin. Par ce même tonneau, vous en ferez autant que vous jugerez à propos d'en faire.

Les vins gâtés sont très-bons pour faire le vinaigre. Le bois de sureau, les fleurs sèches, les baies d'épine-vinette font aigrir le vin. L'eau-de-vie de graines clarifie le vinaigre, lui donne un bon goût et le fait aigrir d'une force étonnante; un litre suffit pour deux cents litres. Pour clarifier le vinaigre, on le passe sur des copeaux de hêtre.

Raisins pourris.

Ne craignez pas le raisin pourri dans votre vendange: l'intérieur n'a point de mal, l'écorce seulement est attaquée.

J'en ai fait moi-même l'expérience en 1826. J'avais alors un vigneron négligent, qui me laissa une vigne de grand produit et de différents plans sans la déchapeler et la relever. Lors des vendanges, le raisin était pourri, une partie traînant sur la terre en était imprégnée. Cette vendange avait un si mauvais coup-d'œil que personne n'en eût voulu pour le moindre prix. Voici le parti que j'en tirai et que je vous engage à suivre :

Je le soutirai dans le fort de sa fermentation, en réunissant le pressurage avec le vin ; mais l'un et l'autre ayant un fort mauvais goût, il aurait été impossible d'en tirer aucun prix. Aussitôt que je m'aperçus que ce vin était clair, je m'empressai de le soutirer de nouveau. Alors ce vin était sans mauvais goût, très-bon, et s'est très-bien conduit. Les marchands qui avaient l'habitude d'acheter mes vins en furent très-contents, ne m'en laissèrent que deux hectolitres au fond d'une pièce, qui passèrent l'été de 1827 sans se gâter. Vous voyez, Messieurs, que le raisin pourri, ou moisi, ou rempli de terre, ne doit pas être rejeté, et que, bien conditionné, il donne également son produit.

Quant à ceux qui vous disent de rejeter le raisin pourri pour faire le vin de paille, je dis contrairement à eux que le raisin pourri est le meilleur pour faire le vin de paille. J'en ai fait l'expérience. J'ai séparé le bon grain du pourri, et c'est avec celui-ci que j'ai fait mon meilleur vin de paille.

Voici, d'ailleurs, ce qui est arrivé à mon père en 1804, année d'une telle abondance dans le Jura, que les cultivateurs vignerons ne savaient où loger leur récolte. Les uns cuvaient dans des citernes, d'autres dans des fosses pratiquées dans la marne, d'autres, enfin, laissaient pourrir leur vendange à la vigne. Que fit alors mon père ? Il avait un vaste grenier, planchéié en briques, qu'il remplit de raisins entassés les uns sur les autres; mais ils ne tardèrent pas à se pourrir, et même les chats et les rats les foulaient.

Quand mon père les visita, il ne savait à quoi se décider; il les regardait comme perdus. Cependant il se décida à les soumettre à l'action du pressoir et ensuite il mit ce vin dégoûtant dans un tonneau. Quelque temps après, il eut la curiosité de voir ce vin: son étonnement ne fut pas petit quand il le vit clair, brillant et sans aucun mauvais goût. Il se hâta de le soutirer; il le colla dans le courant de mars, et quelques jours après il le mit en bouteille. En sorte que jamais il n'a eu sur sa table un meilleur vin clairet, plus mousseux et d'un plus suave arôme.

Voilà, Messieurs, en résumé, les expériences faites sur le raisin pourri.

Nous dirons maintenant que le raisonnement des personnes qui désapprouvent le sucre dans le vin, comme procédé trop dispendieux, n'est que le résultat d'une mauvaise combinaison. On peut dire avec un vieil adage que le sucre ne fait mal qu'à la bourse, et encore ici il n'offre qu'une dépense rachetée triplement par la qualité et même la quantité des produits. Au surplus, c'est une expérience que j'ai faite moi-même, à plusieurs reprises.

Pour obtenir l'arôme distinctif de chaque climat.

Mais c'est encore à la manière de cuver séparément que les vins de Bourgogne ont obtenu de la célébrité et l'arôme dont ils sont favorisés. Si les propriétaires vignerons du Jura voulaient imiter leurs procédés, leurs vins soutiendraient sans peine la concurrence avec ceux de la Bourgogne.

C'est encore ici une de mes expériences. J'ai obtenu différents bouquets: arôme de framboise, arôme de noix, arôme d'œillet fortement prononcé. Enfin il serait trop long de détailler ici tous les différents bouquets que nos vins peuvent obtenir dans nos contrées. Du reste, il faudrait pour cela dénommer chaque contrée, puisque chacune d'elles donne un arôme différent.

Le bouquet d'un vin fait grandement apprécier sa qualité, surtout pour les vins clairets et les vins blancs pressés seuls, ce qui leur donne une plus grande valeur.

Par pressés seuls, j'entends les raisins d'une même vigne ou d'un même climat, pressés séparément. Par là vous obtenez un bon bouquet, et de là plus de qualité et plus de prix.

Nous avons des vignerons qui mettent dans leur vendange, soit de l'eau-de-vie, soit du sucre. Ce procédé n'a pas tous les résultats satisfaisants; l'évaporation en perd une partie et le marc en prend encore une autre partie; mais si vous employez ce procédé après le soutirage, vous prévenez ces pertes; et j'approuve votre conduite. Rappelons-nous aussi que l'écorce du raisin contient peu d'alcool; qu'elle fait dans la fermentation ce que font les fruits dans l'eau-de-vie, qu'elle prend beaucoup d'alcool. Ainsi, plus cette écorce restera sur le vin, plus celui-ci sera en perte.

Si l'espace me permettait de parler plus long-temps de la fermentation des vins, je montrerais combien le marc est pernicieux sur le vin, et combien il importe de faire promptement le soutirage.

Il y a plusieurs propriétaires de vignes qui m'ont objecté que mon procédé pour soutirer les vins était le même que celui employé dans la Bourgogne. J'ai déjà répondu par la négative et je continue d'y répondre. Je conseille de soutirer les vins vingt-quatre heures après le fort de la fermentation. En Bourgogne, l'on soutire les vins vingt-quatre heures après leur encuvage, et on les place dans de petites futailles. Leur fermentation n'est point régulière, et voilà pourquoi leurs bons vins sont sujets à s'aigrir, et les mauvais à se gâter.

Procédé pour faire vieillir de plusieurs années les vins de paille.

Ce procédé consiste à séparer les grains de la grappe ; passez-les ensuite dans un cylindre en bois garni de pointes, afin que les grains soient écartelés en plusieurs parties ; mettez cette vendange dans un tonneau exposé dans un lieu chaud et sans trop serrer la bonde ; laissez-le ainsi pendant trois mois, plus ou moins ; plus il fermentera avec le marc, plus il deviendra vineux. Après ce délai, vous le soumettrez à la presse. Remettez le liquide sortant du pressoir dans un tonneau toujours placé en un lieu chaud et laissez-le ainsi pendant trois ou quatre ans ; et alors, si vous le trouvez convenable, mettez-le en bouteille : vous serez étonnés de voir comme il s'est dégraissé et vieilli par cette fermentation.

Ce cylindre, nécessaire dans ce cas, est peu dispendieux. Un enfant de 10 à 12 ans peut faire passer dans cet entonnoir cylindrique toute la vendange du plus fort propriétaire du Jura ; son jeu demande peu de force ; l'enfant tourne une manivelle au fur et mesure que l'on jette la vendange dans cet entonnoir

Il serait même nécessaire de passer ainsi toute la vendange ; la fermentation en serait plus régulière, les pépins se précipiteraient au fond de la cuve avec la boue. C'est cette boue et les pépins qui donnent le goût d'empiromme à nos eaux-de-vie ; donc si les pépins étaient séparés du marc, vous obtiendriez des eaux-de-vie de bonne qualité ; mais pour atteindre ce but plus sûrement, il faudrait employer un alambic dont plus loin je donnerai la description. Par ce procédé, vous faites venir très-doucement la seconde eau-de-vie dite *blanquette*, et vous obtenez une plus grande quantité d'eau-de-vie, laquelle serait très-propre à mettre dans vos vins et à fabriquer des liqueurs. Les vins auraient plus de débit et vous n'auriez plus besoin de recourir aux eaux-de-vie du Languedoc ou du midi.

Détails de la figure 1re.

C'est un entonnoir en bois, muni de deux cylindres A et B, lesquels, garnis de pointes en fer, sont mis en jeu par le simple mécanisme de trois engrenages C et d'une manivelle D, tournée par la main d'un enfant. E marque le tuyau de ce entonnoir entrant dans la cuve.

Détails de la figure 2me.

La tête de cet alambic étant beaucoup plus grande, il faut beaucoup plus de feu pour la remplir de vapeurs. Il est aisé de comprendre qu'elle contient plus d'eau sur la fin de la distillation de la première et de la seconde eau-de-vie. Or, elle rendra moins de produits que la petite tête (*figure 3*). D'un autre côté, cette tête étant en cuivre, ainsi que le serpentin, il n'est pas étonnant que les eaux-de-vie, obtenues par ce procédé, ne soient entachées du goût d'airain et atteintes des principes actifs du vert-de-gris.

Détails de la figure 3me.

La tête de cet alambic n'est pas plus large que l'ouverture de la chaudière ; elle est faite en ferblanc double croix agrafée et soudée. Le tuyau est en ferblanc très-mince , d'une dimension beaucoup plus petite, et en venant à rien sur la fin; il est également agrafé et soudé, et c'est ce tuyau qui remplace le serpentin. Il est introduit dans une ballonge ou tonneau ovale C. Pour obtenir un meilleur succès, il faudrait que cette ballonge fût en zinc , supportée par quatre pieds en fer ; le tuyau serait soudé au-dessus et au bas de la ballonge; et par ce moyen, on pourrait la remplir jusqu'au-dessus puisqu'il n'y aurait pas de coulure, c'est-à-dire de possibilité de perdre le liquide.

Voici l'avantage que l'on obtient par la conformation de cet alambic n° 3 : Sa tête n'étant pas plus grande que son ouverture, il faut moins de feu pour la remplir de vapeurs ; or, contenant moins de vapeurs, il y a moins de parties aqueuses sur la fin de la distillation de la bonne eau-de-vie, et moins encore sur la fin de la deuxième, dite *blanquette*, en proportion avec l'alambic (*figure* 2). D'un autre côté, l'eau ayant plus d'action sur la vapeur renfermée dans un tuyau mince et de très-petit calibre en finissant, rien ne s'évapore hors de ce tuyau, et par là l'on obtient plus de spiritueux ; on brûle moins de bois et de là moins de dépenses. Cette tête et ce tuyau étant confectionnés en ferblanc, ne peuvent communiquer aucune saveur désagréable, et leur nettoyage est très-facile. Voilà pourquoi je soutiens qu'avec ce procédé on obtiendra qualité et quantité dans la distillation. D'ailleurs, j'en ai fait l'épreuve par une longue pratique.

Description de la figure 4me, qui indique la machine nécessaire pour faire de bon tannin.

Le *tannin* est un puissant préservatif contre la *graisse des vins* ; mais ce moyen n'étant pas employé autant qu'il aurait dû l'être, parce que, jusqu'à présent, le prix de ce produit pur est trop élevé, un jeune chimiste, M. J. Pelouze, vient de faire connaître et indiquer des moyens simples pour la préparation du tannin.

Voici son procédé :

On introduit dans une allonge A,

qui, à son extrémité inférieure B, a reçu un petit tampon de coton, de la noix de galle réduite en poudre; on verse ensuite, sur cette noix de galle, de l'éther sulfurique du commerce, de façon à ce que la poudre en soit imbibée et recouverte. On ferme les extrémités inférieures et supérieures avec les bouchons C et D. On place l'allonge sur un récipient E en l'y fixant à l'aide d'un bouchon F, puis on laisse en contact pendant 48 heures; au bout de cet espace de temps, on enlève le bouchon D. Une liqueur chargée des principes de la noix de galle tombe alors dans le récipient E et se divise en deux couches: l'une, plus légère, occupe la partie supérieure; l'autre, plus pesante, occupe le fond du flacon. Lorsque ce liquide est écoulé, on remet une même quantité d'éther, et on laisse passer ce liquide, qui se charge encore d'une partie des principes de la noix de galle.

Lorsque les deux liquides ont passé dans le récipient, on sépare la couche inférieure de la couche supérieure, à l'aide d'une pipette ou d'un robinet G. On la fait évaporer à une douce chaleur et on obtient le tannin d'une belle couleur blanche jaunâtre.

Le tannin est d'une grande utilité pour les vins; il prévient leur décomposition, les empêche de se gâter et les rétablit quand ils sont tournés ou montés.

Description de la figure 5me.

Cette figure est appelée chausse. Chaque propriétaire doit s'en procurer une pour passer la lie de vin. Beaucoup la jettent et n'en tirent aucun profit. Cependant avec un sceau de lie on peut faire 8 à 9 litres de vin. Ceux qui s'en servent pour faire de l'eau-de-vie brûlent beaucoup de bois et font de mauvaise marchandise.

Cette chausse se fait avec de la grosse toile, elle a 27 centimètres de diamètre au gros bout, elle finit en pointe et peut avoir de 60 à 66 centimètres de longueur.

On peut faire couler le liquide dans un sceau et le renverser à plusieurs reprises dans le sac en toile jusqu'à ce qu'il devienne clair; ensuite on le fait couler dans le tonneau, au moyen d'un entonnoir, afin que le vin ne s'évapore pas.

Pour ôter le goût d'empiromme aux eaux-de-vie.

Il faut employer la potasse, la faire dissoudre avec un peu d'eau, en mettre quelques gouttes dans une bouteille d'eau-de-vie. On agite ensuite fortement la bouteille, elle devient claire quelque temps après et le goût d'empiromme est enlevé.

Autre moyen pour ôter à l'eau-de-vie le goût d'empiromme et la vieillir.

On met quelques gouttes d'alcali dans une bouteille d'eau-de-vie. On l'agite et un instant après le goût d'empiromme est enlevé. Pour une plus grande quantité d'eau-de-vie, il faudrait proportionnellement une plus grande quantité d'alcali.

TABLE DES MATIÈRES.

PAGES.

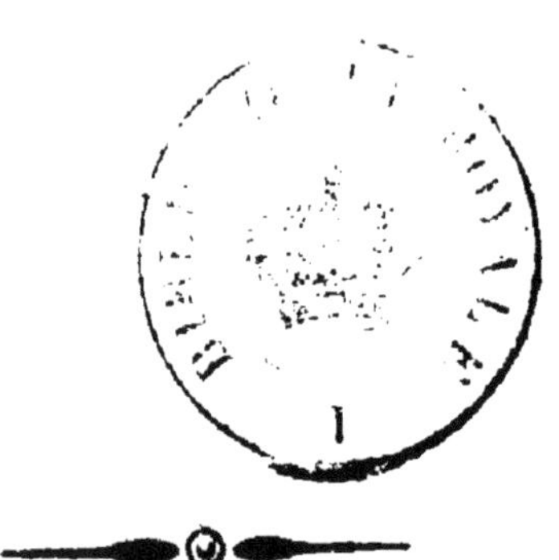

LONS-LE-SAUNIER, IMPRIMERIE DE GOURBET.

www.ingramcontent.com/pod-product-compliance
Ingram Content Group UK Ltd.
Pitfield, Milton Keynes, MK11 3LW, UK
UKHW020947180726
13838UKWH00003B/1172